U0881701

四川省（区域性）地方标准

大弯矩方形钢筋混凝土电杆

Large moment square reinforced concrete pile

DB510100/T 207—2016

主编单位：四川锦能电力设计有限公司
成都银线电杆有限公司
成都市建筑材料行业协会
批准部门：四川省质量技术监督局
施行日期：2016年11月1日

西南交通大学出版社

2017 成 都

图书在版编目（CIP）数据

大弯矩方形钢筋混凝土电杆 / 四川锦能电力设计有限公司，成都银线电杆有限公司，成都市建筑材料行业协会主编. —成都：西南交通大学出版社，2017.7

ISBN 978-7-5643-5596-8

Ⅰ. ①大… Ⅱ. ①四… ②成… ③成… Ⅲ. ①弯矩 – 钢筋混凝土 – 电杆 Ⅳ. ①TM75

中国版本图书馆 CIP 数据核字（2017）第 173132 号

大弯矩方形钢筋混凝土电杆

主编 四川锦能电力设计有限公司
成都银线电杆有限公司
成都市建筑材料行业协会

责任编辑	李 伟
封面设计	原谋书装
出版发行	西南交通大学出版社 （四川省成都市二环路北一段 111 号 西南交通大学创新大厦 21 楼）
发行部电话	028-87600564 028-87600533
邮政编码	610031
网址	http://www.xnjdcbs.com
印刷	成都蜀通印务有限责任公司
成品尺寸	210 mm × 285 mm
印张	1.5
字数	40 千
版次	2017 年 7 月第 1 版
印次	2017 年 7 月第 1 次
书号	ISBN 978-7-5643-5596-8
定价	26.00 元

前　言

本标准按照 GB/T 1.1—2009 给出的规则起草。

本标准由成都市经济和信息化委员会归口管理。

本标准由成都市建筑材料行业协会提出。

本标准主编单位：四川锦能电力设计有限公司、成都银线电杆有限公司、成都市建筑材料行业协会。

本标准参编单位：四川蜀骏电力设备有限公司。

本标准起草人：于雷、庄瑞良、缪加胜、温晓舫、何国惠。

本标准由成都市建筑材料行业协会负责解释。

本标准为首次发布。

目　次

大弯矩方形钢筋混凝土电杆

1 范围

本标准规定了大弯矩方形钢筋混凝土电杆（以下简称“电杆”）的术语和定义、分类、原材料及构造、技术要求、试验方法、检验规则、标志、储存及运输、产品合格证。

本标准适用于电力电杆中的大弯矩方形钢筋混凝土电杆的生产（不包括电杆的其他组成部分，如横担、卡盘、底盘等配件）。

2 规范性引用文件

下列文件对于本标准的应用是必不可少的。凡是注日期的引用文件，仅注日期的版本适用于本标准；凡是不注日期的引用文件，其最新版本（包括所有的修改单）适用于本标准。

GB 175 通用硅酸盐水泥

GB 748 抗硫酸盐硅酸盐水泥

GB 1499.1 钢筋混凝土用钢 第 1 部分：热轧光圆钢筋

GB 1499.2 钢筋混凝土用钢 第 2 部分：热轧带肋钢筋

GB 8076 混凝土外加剂

GB/T 14684 建设用砂

GB/T 14685 建设用卵石、碎石

GB/T 50081 普通混凝土力学性能试验方法标准

GB/T 50107 混凝土强度检验评定标准

GB 50164 混凝土质量控制标准

GB 50204 混凝土结构工程施工质量验收规范（附条文说明）

JGJ 63 混凝土用水标准

3 术语和定义

GB 4623—2014 界定的术语和定义适用于本标准。为了便于使用，以下重复列出了 GB 4623—2014 中的一些术语和定义。

3.1

大弯矩方形钢筋混凝土电杆 large moment square reinforced concrete pile

开裂检验弯矩不小于 300 kN · m 的方形钢筋混凝土电杆。

3.2

裂缝　crack

电杆外表面有伸入混凝土内部的缝隙。

（选自 GB 4623—2014《环形混凝土电杆》，定义 3.4）

3.3

漏浆　leakage

电杆外表面因水泥浆流失而露出集料。

（选自 GB 4623—2014《环形混凝土电杆》，定义 3.5）

3.4

露筋　exposed steel

电杆内部的钢筋未被混凝土包裹而外露。

（选自 GB 4623—2014《环形混凝土电杆》，定义 3.6）

3.5

塌落　slump

电杆内壁混凝土成块状脱落。

（选自 GB 4623—2014《环形混凝土电杆》，定义 3.7）

3.6

蜂窝　honeycomb

电杆外表面因漏浆或缺少水泥砂浆及其他因素而引起的蜂窝状空洞。

（选自 GB 4623—2014《环形混凝土电杆》，定义 3.8）

3.7

麻面　pitted surface

电杆外表面呈现的密集微孔。

（选自 GB 4623—2014《环形混凝土电杆》，定义 3.9）

3.8

粘皮 peeling

电杆外表面的水泥浆层被模具粘去后留下的粗糙表面。

（选自 GB 4623—2014《环形混凝土电杆》，定义 3.10）

3.9

龟纹 plastic crack

电杆外表面呈现出无整齐边缘和明显深度的龟背状纹路。

（选自 GB 4623—2014《环形混凝土电杆》，定义 3.11）

3.10

水纹 water graining

电杆外表面湿润时呈现出微细的、水分蒸发后随之消失的纹路。

（选自 GB 4623—2014《环形混凝土电杆》，定义 3.12）

4 分类

4.0.1 电杆外形为正方形截面的锥形电杆，圆锥形内空；外形四角 30 mm 倒角；外表面四方中部各有 5 个 4 mm 深的沉膛。产品按外形分为 1：40 和 1：50 两种电杆，1：40 锥度梢端尺寸为 250 mm × 250 mm 和 300 mm × 300 mm 两种，壁厚 120 mm；1：50 锥度梢端尺寸为 190 mm × 190 mm，壁厚 100 mm，见图 4.0.1。电杆主要杆段系列示意图见附录 A。

4.0.2 电杆按梢端尺寸、杆长和开裂检验弯矩分类见表 4.0.2。经供需双方协议，也可生产其他规格和开裂弯矩的电杆。

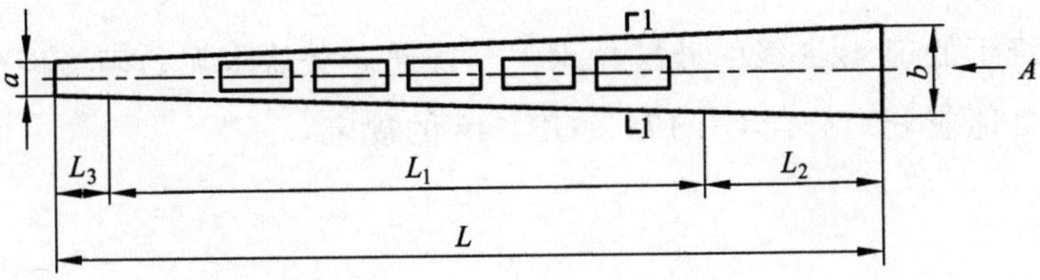

L—杆长；a—梢端边长；L_1—荷载点高度；b—根端边长；
L_2—支持点高度；L_3—梢端至荷载点高度（300 mm）

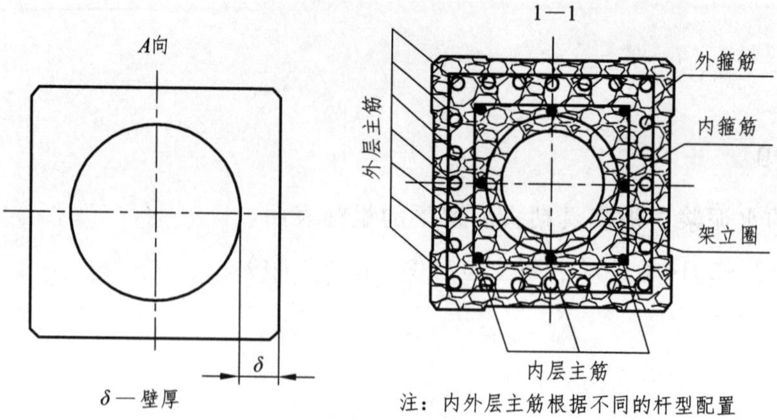

注：内外层主筋根据不同的杆型配置

图 4.0.1　电杆外形

表 4.0.2　电杆开裂检验弯矩　　kN·m

L/m	L_1/m	L_2/m	L_3/m	梢端/mm^2					
				190×190		250×250		300×300	
				开裂检验荷载 P/kN					
				24.0	28.0	24.0	27.8	30.9	34.0
12	10.7	1.0	0.3		300				
14	12.5	1.2	0.3	300		300			
16	14.4	1.3	0.3				400		
18	16.2	1.5	0.3				450	500	550

注：1. 用悬臂式试验时开裂检验弯矩（M_k）即在开裂检验荷载作用下支持点断面处的弯矩；

2. 电杆承载力检验弯矩 $M_u = \beta_u \cdot M_k$，β_u 为承载力综合检验系数，取 1.7。

5　原材料及构造

5.1　原材料

5.1.1　水泥

宜采用强度等级不低于 42.5 级的硅酸盐水泥、普通硅酸盐水泥、矿渣硅酸盐水泥、抗硫酸盐硅酸盐水泥，其性能应分别符合 GB 175、GB 748 的规定。

5.1.2　集料

细集料宜采用中粗砂，细度模数为 3.2 ~ 2.3。粗集料宜采用碎石，其最大粒径不宜大于 20 mm，且应小于钢筋净距的 3/4。砂、石的其他质量应分别符合 GB/T 14684、GB/T 14685 的规定。

5.1.3 水

混凝土拌合用水应符合 JGJ 63 的规定。

5.1.4 外加剂

外加剂的质量应符合 GB 8076 的规定，不应使用氯盐类外加剂或其他对钢筋有腐蚀作用的外加剂。

5.1.5 掺合料

掺合料不应对电杆产生有害影响，使用前应进行试验验证，并符合相应标准要求。

5.1.6 钢材

5.1.6.1 纵向受力钢筋

宜采用热轧带肋钢筋，其性能应符合 GB 1499.2 的规定。

5.1.6.2 内箍筋、外箍筋、架立圈筋

宜采用热轧光圆钢筋，其性能应符合 GB 1499.1 的规定。

5.2 构造

5.2.1 钢筋骨架

5.2.1.1 纵向受力钢筋配置应由设计计算确定。纵向受力钢筋端面应平直，不应有局部弯曲，表面不应有油污。

5.2.1.2 纵向受力钢筋，每根对焊接头数不得超过 2 个，其焊接质量应符合 GB 50204 的规定。

5.2.1.3 纵向受力钢筋净距不宜小于 30 mm，小头最小不宜小于 25 mm。当配筋太密时，可采取双层纵向筋、双层箍筋和一层内层架立圈筋。

5.2.1.4 钢筋骨架制作，宜在工装上焊接组合而成。采用手工电弧焊或 CO_2 保护焊点焊，保证焊接点牢固，要求至少隔点点焊。

5.2.1.5 骨架成型后各部分尺寸符合下列要求：

1）纵向受力钢筋间距偏差不应超过 ± 10 mm；

2）箍筋间距偏差不应超过 ± 20 mm；

3）架立圈筋间距偏差不应超过 ± 20 mm。

5.2.2 电杆预埋件、爬梯

5.2.2.1 接地螺母、接线盒等的外露部分应有明显标记。

5.2.2.2 爬梯从上至下应按电杆锥度逐级增加宽度，最后一级爬梯距电杆根端应不少于 4 m。

5.2.2.3 接地螺母和爬梯均应热镀锌处理。

5.2.3 电杆顶部

电杆出厂前，上端应用混凝土或砂浆封实。如有特殊要求，另行处理。

6 技术要求

6.1 混凝土

6.1.1 混凝土质量控制应符合 GB 50164 的规定。

6.1.2 电杆脱模时的混凝土抗压强度不宜低于设计的混凝土强度等级值的 70%。

6.1.3 电杆用混凝土强度等级不应低于 C40。

6.1.4 电杆出厂时混凝土抗压强度不应低于设计的混凝土强度等级值。

6.2 外观质量

电杆的外观质量应符合表 6.2 的规定。

表 6.2 外观质量

序号	项目		项目类别	质量要求
1	表面裂缝		A	纵向裂缝不允许，横向裂缝 ≤ 0.05 mm
2	漏浆	边模合缝处	A	边模合缝处不应漏浆。但如漏浆深度不超过保护层厚度，每处漏浆长度不超过 300 mm，允许修补
		梢（根）端面处	A	梢（根）端面处不应漏浆。但如漏浆深度不超过 15 mm，长度 < 1/3 边长，允许修补
3	局部碰伤		B	局部不应碰伤，但如碰伤深度不大于 15 mm，每处面积不大于 50 mm^2 时，允许修补
4	内外表面露筋		A	不允许
5	内表面混凝土塌落		A	不允许
6	蜂窝		A	不允许
7	外表面气泡		B	外表面不应有气泡。但如深度 < 5 mm，直径 < 10 mm，允许修补
8	麻面、粘皮		B	不应有麻面或粘皮。但如每米长度内麻面或粘皮总面积不大于相同外表面的 5%时，允许修补
9	沉膛、四棱线条		B	沉膛、四棱线条边界饱满。但如缺陷长度 ≤ 100 mm，深度 < 10 mm，少于 5 处允许修补

6.3 尺寸允许偏差

电杆的尺寸允许偏差应符合表 6.3 的规定。

表 6.3 尺寸允许偏差

<table>
<tr><th>序号</th><th colspan="2">项 目</th><th>项目类别</th><th>质量要求/mm</th></tr>
<tr><td>1</td><td colspan="2">杆长</td><td>B</td><td>+20
− 40</td></tr>
<tr><td>2</td><td colspan="2">有效壁厚</td><td>B</td><td>+10
− 2</td></tr>
<tr><td>3</td><td colspan="2">端头边长</td><td>B</td><td>+4
− 2</td></tr>
<tr><td>4</td><td colspan="2">保护层厚度</td><td>A</td><td>+8
− 5</td></tr>
<tr><td rowspan="2">5</td><td rowspan="2">弯曲度</td><td>电杆梢端边长 190 mm</td><td>A</td><td>≤L/800</td></tr>
<tr><td>电杆梢端边长 250 mm、300 mm</td><td>A</td><td>≤L/1 000</td></tr>
<tr><td>6</td><td colspan="2">端部倾斜</td><td>B</td><td>≤10</td></tr>
<tr><td rowspan="3">7</td><td rowspan="3">穿钉管</td><td>纵向两孔间距</td><td>B</td><td>± 4</td></tr>
<tr><td>横向</td><td>B</td><td>± 4</td></tr>
<tr><td>直径</td><td>B</td><td>+ 2</td></tr>
<tr><td rowspan="2">8</td><td rowspan="2">爬梯</td><td>纵向</td><td>B</td><td>± 30</td></tr>
<tr><td>横向</td><td>B</td><td>± 10</td></tr>
</table>

注：保护层厚度偏差为制造与设计的差数。

6.4 保护层厚度

纵向受力钢筋的净混凝土保护层厚度不应小于 25 mm。保护层厚度允许偏差见表 6.3。

6.5 力学性能

6.5.1 电杆加荷至规定的开裂检验弯矩时，裂缝宽度不应大于 0.20 mm；杆长等于 12 m 时，杆顶挠度不应大于（$L_1 + L_3$）/32；杆长大于 12 m、小于或等于 18 m 时，杆顶挠度不应大于（$L_1 + L_3$）/25。加荷至开裂检验弯矩卸荷后，残余裂缝宽度不应大于 0.05 mm。

6.5.2 加荷至承载力检验弯矩（表 4.2 规定的开裂检验弯矩的 1.7 倍）时，不应出现下列任一种情况：

1）受拉区混凝土裂缝宽度达到 1.5 mm 或受拉钢筋屈服颈缩；

2）受压区混凝土破坏；

3）挠度：杆顶挠度大于（$L_1 + L_3$）/15。

7 试验方法

7.1 混凝土抗压强度

7.1.1 混凝土拌和物应在搅拌站或喂料工序中随机取样，制作立方体试件，3 个试件为一组。

7.1.2 每天拌制的同配合比的混凝土，取样不应少于一次，每次至少成型三组。若电杆蒸汽养护，两组试件与电杆同条件养护后，再进行标准养护，另一组试件进行标准养护。若电杆自然养护，两组试件与电杆同条件养护，另一组试件进行标准养护。

7.1.3 两组与电杆同条件养护的试件分别用于检验脱模强度和出厂强度；一组经标准养护的试件用于检验评定混凝土 28 d 抗压强度。

7.1.4 混凝土抗压强度试验方法应符合 GB/T 50081 的规定。

7.2 外观质量、尺寸

外观质量、尺寸的检验工具与检验方法见表 7.2。

表 7.2 外观质量、尺寸、保护层厚度的检验工具与检验方法

序号	检验项目	检验方法	量具分度值/mm
1	裂缝宽度	用不小于 20 倍读数放大镜测量，精确至 0.01 mm	0.01
2	漏浆长度	用钢卷尺测量，精确至 1 mm	1
3	漏浆深度	用游标卡尺测量，精确至 1 mm	0.10
4	碰伤长度	用钢卷尺或钢直尺测量，精确至 1 mm	1
5	碰伤深度	用深度游标卡尺测量，精确至 1 mm	0.10
6	内、外表面露筋	观察	—
7	内表面混凝土塌落	观察	—
8	蜂窝	观察	—
9	麻面、粘皮	用钢卷尺或钢直尺测量，精确至 1 mm	1
10	杆长	用钢卷尺测量，精确至 1 mm	1
11	壁厚	用钢直尺或卡尺在同一断面互相垂直的两直径上测量四处壁厚，取其最大值和最小值，精确至 1 mm	0.5
12	边长	用钢直尺或卡尺在同一断面互相垂直的两边长，取其平均值，精确至 1 mm	1
13	保护层厚度	用深度游标卡尺测量 3 个点，每个断面测 1 点：电杆第 1 点在 *B* 支座处；第 2 点在距梢端 0.6 m 处；第 3 点在前面两点中间的任一处，精确至 1 mm。亦可采用非破损的检验方法	0.10
14	弯曲度	将拉线紧靠电杆的两端部，用钢直尺测量其弯曲处的最大距离，精确至 1 mm	0.5
15	端部倾斜	用 90°角度尺及 150 mm 长钢直尺测量，应考虑锥度的影响，精确至 1 mm	0.5
16	预留孔直径及位置	用钢卷尺或钢直尺测量，精确至 1 mm	0.5

7.3 保护层厚度

混凝土保护层厚度检验工具与检验方法见表 7.2。

7.4 力学性能

电杆采用悬臂式试验方法，力学性能试验方法见附录 B。

8 检验规则

8.1 检验分类

检验分为出厂检验和型式检验。

8.2 出厂检验

8.2.1 检验项目

混凝土抗压强度、外观质量、尺寸偏差（不包括保护层厚度）、力学性能（包括裂缝宽度和开裂检验弯矩时的挠度）。

8.2.2 组批规则

同材料、同工艺、同品种、同荷载级别、同规格的电杆，每 2 000 根为一批；但在 3 个月内生产总数不足 2000 根且不少于 10 根时，也应作为一个受检批。

8.2.3 抽样

8.2.3.1 混凝土抗压强度

检查受检批出厂混凝土抗压强度或 28 d 混凝土抗压强度试验记录。

8.2.3.2 外观质量和尺寸偏差

从受检批中随机抽取 10 根电杆，逐根进行外观质量和尺寸偏差检验。

8.2.3.3 力学性能

从受检批中随机抽取 1 根电杆进行裂缝宽度和开裂检验弯矩时的挠度检验。

8.2.4 判定规则

8.2.4.1 混凝土抗压强度

混凝土抗压强度按 GB/T 50107 的规定评定。

8.2.4.2 外观质量和尺寸偏差

10 根受检电杆中：A 类项目应全部合格；每项 B 类项目的超差不超过 2 根，B 类项目的超差不超过 2 项，则判定该批产品的外观质量和尺寸偏差合格。

8.2.4.3 力学性能

出厂检验的力学性能按以下规定判定：

1）裂缝宽度和开裂检验弯矩时的挠度检验均符合 6.5 规定时，则判定该批产品力学性能合格；

2）如不符合 6.5 规定，允许从同批产品中再抽取 2 根电杆进行复检；2 根复检电杆复检结果如全部符合 6.5 规定，则剔除原不合格的 1 根，判定该批产品力学性能合格；复检结果如仍有 1 根电杆不符合 6.5 规定，则判定该批产品力学性能不合格。

8.2.5 总判定

混凝土抗压强度、外观质量、尺寸偏差、力学性能均符合本标准要求时，则判定该批产品为合格。

8.3 型式检验

8.3.1 检验项目

混凝土抗压强度、外观质量、尺寸偏差、力学性能、保护层厚度。

8.3.2 检验条件

当有下列情况之时，应进行型式检验：

1）新产品或老产品转厂生产的试制定型鉴定；

2）正式生产后如产品结构、原材料、生产工艺和管理有较大改变，可能影响产品性能时；

3）产品长期停产后，恢复生产时；

4）出厂检验结果与上次型式检验有较大差异时；

5）当相同产品连续生产 4 000 根以上时；

6）国家或地方质量监督检验机构提出进行检验时。

8.3.3 抽样

8.3.3.1 混凝土抗压强度

检查受检批 28 d 混凝土抗压强度试验记录。

8.3.3.2 外观质量和尺寸偏差

按 8.2.3.2 的规定。

8.3.3.3 力学性能

从受检批中，随机抽取 2 根电杆进行力学性能检验。

8.3.3.4 保护层厚度

抽取 1 根经承载力检验弯矩检验的电杆，进行混凝土保护层厚度检验。

8.3.4 判定规则

8.3.4.1 混凝土抗压强度

按 8.2.4.1 的规定。

8.3.4.2 外观质量和尺寸偏差

按 8.2.4.2 的规定。

8.3.4.3 力学性能

型式检验的力学性能按以下规定判定：

1）裂缝宽度、挠度和承载力检验弯矩检验，2 根电杆均符合 6.5 规定时，则判定该批产品力学性能合格；

2）2 根中有 1 根电杆不符合 6.5 规定时，允许从同批产品中再抽取 2 根电杆进行复检；2 根复检电杆复检结果如全部符合 6.5 规定，则剔除原不合格的 1 根，判定该批产品力学性能合格；复检结果如仍有 1 根不符合 6.5 规定，则判定该批产品力学性能不合格；

3）2 根电杆都不符合 6.5 规定时，不得复检，判定该批产品力学性能不合格。

8.3.4.4 保护层厚度

保护层厚度按以下规定判定：

1）被测的 3 点保护层，均符合 6.4 规定时，则判定该批产品保护层厚度合格；

2）3 点中有 1 点不符合 6.4 规定时，允许从同批产品中再抽取 2 根电杆进行复检；2 根复检电杆复检结果如全部符合 6.4 规定，则剔除原不合格的 1 根，判定该批产品保护层厚度合格；复检结果如仍有 1 点不符合 6.4 规定，则判定该批产品保护层厚度不合格；

3）3 点中有 2 点不符合 6.4 规定时，不得复检，判定该批产品保护层厚度不合格。

8.3.5 总判定

混凝土抗压强度、外观质量、尺寸偏差、力学性能及保护层厚度均符合本标准要求时，则判定该批产品为合格。

9 标志

9.1 永久标志

制造企业名称或商标，应标记在电杆表面上，其位置宜标示在刻有沉膛面离杆根端面 3.5 m 处。

9.2 临时标志

包括产品标记和生产日期等，应标记在电杆表面上，其位置略低于大头端爬梯处。

10 储存及运输

10.1 储存

10.1.1 产品堆放场地应坚实平整。

10.1.2 大弯矩方形钢筋混凝土电杆，12 ~ 18 m 杆长，宜采用二支点支承。电杆支点位置见图 10.1.2。若堆场地地基经过特殊处理，也可采用其他堆放形式。

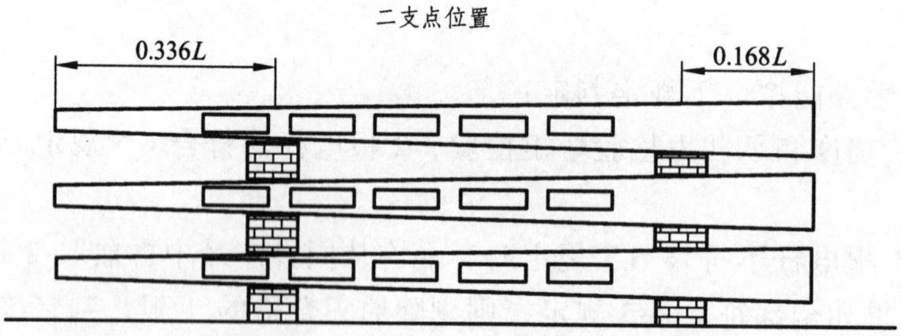

图 10.1.2 电杆支点位置示意图

10.1.3 产品应按规格、荷载级别等分别堆放。堆放层数不宜超过 4 层。

10.1.4 产品堆垛应放在支垫物上，层与层之间用支垫物隔开，每层支承点应在同一平面上，各层支垫物位置应在同一垂直线上。

10.2 运输

10.2.1 产品起吊时，不分电杆长短均应采用二支点法。装卸、起吊应轻起轻放，不得抛掷、碰撞。

10.2.2 产品在运输过程中的支承要求应符合 10.1 中的有关规定。

10.2.3 产品装卸过程中，每次吊运数量，所有杆长均宜每次起吊 1 根。

10.2.4 产品支点处应套上软质物，以防碰伤。

11 产品合格证

电杆出厂时，应随带企业统一编号的产品合格证，其内容应包括：

1）制造企业名称、商标、地址、电话；

2）生产日期、出厂日期；

3）执行标准；

4）产品规格、荷载级别；

5）混凝土抗压强度检验结果；

6）纵向受力钢筋抗拉强度检验结果；

7）外观和尺寸偏差检验结果；

8）力学性能检验结果；

9）制造企业技术检验部门签章。

附录 A　电杆主要杆段系列示意图

（资料性附录）

电杆主要杆段系列示意图见图 A.1。

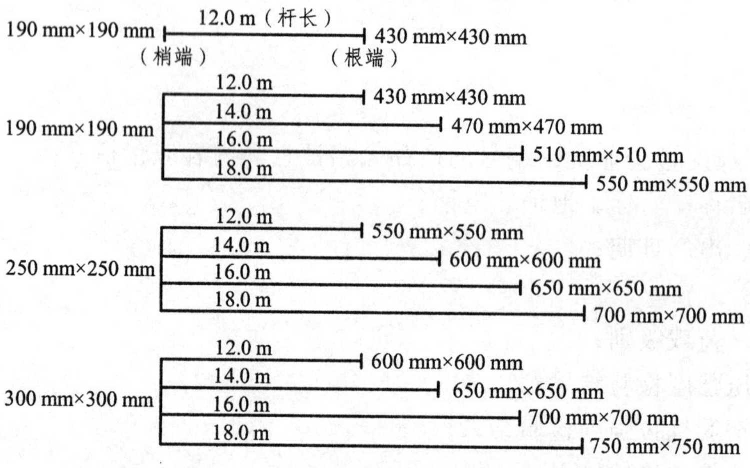

图 A.1　电杆主要杆段系列示意图

（梢端 190 mm × 190 mm 杆锥度为 1∶50；梢端 250 mm × 250 mm、300 mm × 300 mm 杆锥度为 1∶40）

附录 B 电杆力学性能试验方法

（规范性附录）

B.1 适用范围

悬臂式试验方法，适用于不同梢端尺寸的电杆的力学性能试验。

B.2 试件

试件按出厂检验或型式检验的规定随机抽样。

B.3 试验仪器设备

B.3.1 台座

用于固定试件的支承座，可采用钢支座或钢筋混凝土支座。悬臂式试验采用水平加荷时，为消除杆段自重影响，应加设灵活的滚动支座。

B.3.2 仪器

试验用仪器，应按规定期限进行检定。其技术要求见表 B.3.2。

表 B.3.2 试验仪器技术要求

<table>
<tr><th rowspan="2">测量项目</th><th rowspan="2">仪器名称</th><th rowspan="2">单位</th><th colspan="3">技术指标</th></tr>
<tr><th>量程</th><th>分度值</th><th>精度</th></tr>
<tr><td>荷载</td><td>荷载测力仪</td><td>kN</td><td>0 ~ 200</td><td>0.1</td><td>满程：0.5%</td></tr>
<tr><td>挠度</td><td>挠度仪、直尺</td><td>mm</td><td>0 ~ 1 500</td><td>1.0</td><td>满程：0.5%</td></tr>
<tr><td rowspan="2">支座位移</td><td rowspan="2">数字式微位移仪或百分表</td><td rowspan="2">mm</td><td rowspan="2">0 ~ 30</td><td rowspan="2">0.01</td><td>0.5%</td></tr>
<tr><td>I 级</td></tr>
<tr><td>裂缝宽度</td><td>20 倍读数放大镜</td><td>mm</td><td>0 ~ 6</td><td>0.01</td><td>0.01</td></tr>
</table>

B.4 试验方法

B.4.1 悬臂式试验方法

电杆长≥12 m，宜采用两个或两个以上滚动支座。电杆进行力学性能试验时，应先满足 L_1 和 L_2 的尺寸要求，加荷原理见图 B.4.1。

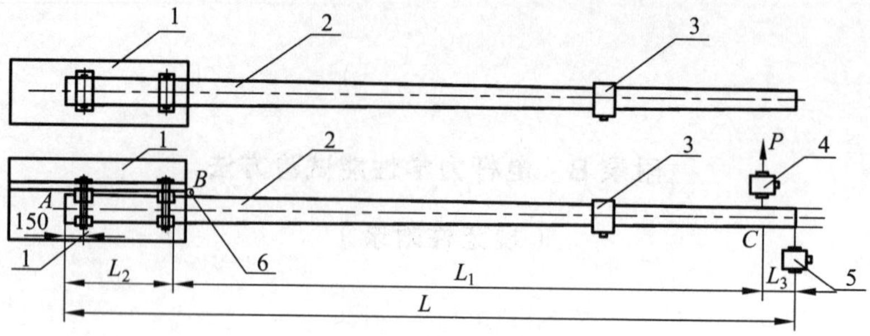

垫板放置位置：A支座处于垫板中心线到电杆根端的距离等于 150 mm；
B支座处于右端面到电杆根端面的距离等于 L_2。

图 B.4.1 悬臂式试验装置示意图

1—钢筋混凝土（或钢制）台座；2—电杆；3—滚动支座；4—荷载测力仪；5—挠度仪（或直尺）；
6—B 测点位移仪（或百分表）；7—A 测点位移仪（或百分表）；L—杆长；L_1—荷载点高度；
L_2—支持点高度；P—荷载；L_3—梢端至荷载点距离；
A、B—支座（宽 150 mm 硬木制成的垫板）

B.5 加荷程序

B.5.1 电杆加荷步骤

第一步：由零按开裂检验弯矩 20%的级差加载至开裂检验弯矩的 80%，然后按开裂检验弯矩 10%的级差继续加载至开裂检验弯矩，每次静停时间为 3 min，测量并记录裂缝宽度及挠度。

第二步：由开裂检验弯矩卸载至零，卸载后静停时间为 3 min，测量并记录残余裂缝宽度及挠度值。

第三步：由零按开裂检验弯矩 20%的级差加载至开裂检验弯矩，测量并记录裂缝宽度为挠度值。递增至开裂检验弯矩的 100%后，按开裂检验弯矩 10%的级差继续加载至承载力检验弯矩，每次静停时间为 3 min，观测并记录各项读数。

B.5.2 加荷值偏差

试验时，加荷值稳定后的允许偏差为 ± 2%。

B.5.3 初裂荷载和承载力荷载的确定

B.5.3.1 当在加载过程中第一次出现裂缝时，应取前一级荷载作为初裂荷载实测值；当在规定的荷载持续时间内第一次出现裂缝时，应取本级荷载值与前一级荷载值的平均值作为初裂荷载实测值；当在规定的荷载持续时间结束后第一次出现裂缝时，应取本级荷载值作为初裂荷载实测值。

B.5.3.2 当在加载过程中出现 6.5.2 所列的情况之一时，应取前一级荷载值作为承载力荷载的实测值；当在规定的荷载持续时间内出现上述情况之一时，应取本级荷载值与前一级荷载值的平均值作为承载力荷载实测值；当在荷载持续时间结束后出现上述情况之一时，应取本级荷载值作为承载力荷载实测值。

B.6 试验结果计算

B.6.1 弯矩计算

电杆采用悬臂式试验时，实测弯矩按式（B.6.1）计算：

$$M_{ui}=P_{ui}L_1 \quad \text{（B.6.1）}$$

式中：M_{ui}——任一级荷载作用下的弯矩值，kN·m；

P_{ui}——任一级荷载加荷值，kN；

L_1——荷载点高度，m。

B.6.2 挠度计算

试验时，任一级荷载作用下的梢端挠度，按式（B.6.2）计算：

$$a_{si}=a_{ci}-L_l(a_{Ai}+a_{Bi})/L_2+a_{Ai} \quad \text{（B.6.2）}$$

式中：a_{si}——试验时，任一级荷载作用下的梢端挠度值，mm；

a_{ci}——由测量仪器测得的任一级荷载作用下梢端的变形值，mm；

a_{Ai}——由测量仪器测得的任一级荷载作用下 A 测点处的变形值，mm；

a_{Bi}——由测量仪器测得的任一级荷载作用下 B 测点处的变形值，mm；

L_l——电杆长度，$L_l=L_1+L_2+L_3$，mm；

L_1——荷载点高度，mm；

L_2——电杆支持点高度，mm；

L_3——梢端至荷载点距离，mm。

B.7 试验结果评定

B.7.1 承载力检验弯矩

实测承载力检验弯矩，应符合式（B.7.1）的要求：

$$M_u^0\geqslant[\beta_u]M_k \quad \text{（B.7.1）}$$

式中：M_u^0——电杆承载力检验弯矩实测值，kN·m；

$[\beta_u]$——电杆承载力综合检验系数允许值，取 1.7；

M_k——开裂检验弯矩值，kN·m。

B.7.2 裂缝宽度检验

电杆裂缝宽度检验结果：100%开裂检验弯矩下最大裂缝宽度 W_{max} 和卸荷后残余裂缝宽度 W

应分别符合式（B.7.2-1）、式（B.7.2-2）的要求：

$$W_{max} \leqslant 0.20\ \text{mm} \tag{B.7.2-1}$$

$$W \leqslant 0.05\ \text{mm} \tag{B.7.2-2}$$

B.7.3 挠度检验

电杆挠度检验结果，应符合式（B.7.3）的要求：

$$a_s^0 \leqslant [a_j] \tag{B.7.3}$$

式中：a_s^0——开裂检验荷载或承载力检验荷载作用下挠度的实测值，mm；

$[a_j]$——6.5 中规定的开裂检验荷载或承载力检验荷载作用下挠度的允许值，或由供需双方协议明确给出的挠度允许值指标，mm。